AF391354

AGRICULTURE CHINOISE

(Extrait de la REVUE DE L'ORIENT, DE L'ALGÉRIE ET DES COLONIES.
juillet-août 1864.)

PARIS — IMPRIMERIE DE V. GOUPY ET Cᵉ, RUE GARANCIÈRE,

AGRICULTURE CHINOISE

NOTICE

SUR LA PLANTE 苜蓿 MOU-SOU

OU LUZERNE CHINOISE (*MEDICAGO SATIVA*)

PAR

M. CONSTANTIN DE SKATTSCHKOFF

SUIVIE

D'UNE AUTRE NOTICE SUR LA MÊME PLANTE

TRADUITE DU CHINOIS

Par M. G. PAUTHIER

PARIS

Vᵛᵉ BENJAMIN DUPRAT

LIBRAIRE DE L'INSTITUT, DE LA BIBLIOTHÈQUE IMPÉRIALE ET DU SÉNAT,

DES SOCIÉTÉS ASIATIQUES DE PARIS, DE LONDRES, DE MADRAS,
DE CALCUTTA, DE SHANG-HAI ET DE LA SOCIÉTÉ ORIENTALE AMÉRICAINE DE NEW HAVEN (ÉTATS-UNIS)

Rue du Cloître Saint-Benoît (rue Fontanes) 7

Près le Musée de Cluny

1864

NOTICE

SUR LA PLANTE 苜 蓿 MOU-SOU

OU LUZERNE CHINOISE (VARIÉTÉ DU *MEDICAGO SATIVA*)

Par **M. CONSTANTIN DE SKATTSCHKOFF**

On commence à cultiver beaucoup maintenant en Russie une plante fourragère très-renommée connue sous le nom chinois de *moŭ-soŭ*. Les graines de cette plante furent envoyées pour la première fois de Chine en Russie, dans l'année 1840.

Dans l'intérieur de la Chine, ou en Chine proprement dit. on sème cette luzerne très-peu épaisse. On sait que l'agriculture chinoise, très-estimée par ses particularités spéciales, ne demande pas la réserve d'engrais des animaux domestiques, et utilise, autant que possible, chaque morceau de terre pour la culture des céréales et pour d'autres plantes d'un commerce lucratif, ne donnant en nourriture aux animaux domestiques que certains grains et la paille du millet, etc., etc. On ne trouve pas ordinairement en Chine un seul champ consacré à la culture des plantes fourragères ; et, à vrai dire, on n'y en éprouve pas trop le besoin. Seulement, dans deux provinces situées au nord-ouest de Péking : celle de *Kan-sou* et celle du *Chen-si,* dans les districts où passe la grande route des Caravanes, on voit çà et là des prairies de *moŭ-soŭ* clairsemées, presque toujours dans le voisinage des auberges. Au contraire, dans toutes les contrées de steppes, dépendantes de la Chine, surtout en Dzoungarie et dans le Turkistan, on ne compte pas la richesse du cultivateur par la quantité de ses meules de blé, comme dans l'intérieur de la Chine, mais on l'estime par la quantité des animaux domestiques qu'il possède. Là, le *moŭ-soŭ* est une des branches les plus importantes de la culture de la ferme, et l'élément le plus puissant de sa prospérité ; cette plante remplaçant complétement la nourriture des animaux en grains et en pailles des céréales. En Dzoungarie, on établit ordinairement le rapport suivant entre la nourriture des animaux seulement avec le fourrage de *moŭ-soŭ*, et la nourriture des animaux avec le foin des steppes, y compris le supplément en grains :

NOURRITURE POUR UN JOUR.

	Avec du foin de *moŭ-soŭ* seulement :	Avec du foin d'herbes des steppes, plus des grains de pois
Pour 1 cheval.....	12, 3 kilog.	15, 17 kil., plus 8, 2 kil. de gr.
— 6 bœufs / — 1 vache \	8, 2 —	12, 3 — — 8, 2 — —
— 1 âne / — 1 mulet \	6, 15 —	6, 15 — — 4, 1 — —
— 1 chameau..	6, 15 —	10, 66 — , — 4, 1 — —
plus 4, 1 kil. de pois		
— 1 mouton...	4, 1 —	4, 51 — — 2, 05 — —

Par cette comparaison, il est facile de comprendre quel profit les Chinois retirent, dans leurs fermes, de la culture du *moŭ-soŭ*. Et encore il faut ajouter que les Chinois estiment d'autant plus le *moŭ-soŭ* que, souvent, dans les provinces en question, la récolte du foin des steppes est très-pauvre, par suite de la sécheresse de l'été ; ce qui arrive presque chaque année.

Les Chinois, en Dzoungarie, sèment le *moŭ-soŭ*, ou au commencement du printemps, aussitôt que la neige est disparue ; ou à l'automne, au mois de septembre, lorsqu'on vient d'achever la récolte des derniers blés. On préfère l'ensemencement de l'automne à celui du printemps, parce que : 1° les travaux des champs sont toujours plus chers au printemps qu'à la

fin de l'automne ; au printemps, le fermier chinois craindrait
de dérober un jour, une heure même, à ses travaux des
champs ; aussi, en louant les journaliers, on les paye plus cher
au printemps qu'à la fin de l'automne ; et 2° le *moŭ-soŭ*, qui a
été ensemencé en automne, s'enracine plus profondément ;
c'est pour cette raison qu'il talle plus promptement et davan-
tage ; et, dans ce dernier cas, la récolte produit plus de
profit. Quant au sol, plus il est glaiseux et en bon état d'engrais, plus le *moŭ-soŭ* donne de produits ; mais, toutefois,
cette plante croît bien sur chaque espèce de terrain, à l'ex-
ception du sol purement sablonneux.

Dans le but de préserver le *moŭ-soŭ* des atteintes d'une
sécheresse trop grande, si ordinaire, surtout en Dzoungarie,
les Chinois ne se décident pas à le semer sans faire préalablement, autour du champ ensemencé, des canaux d'irriga-
tion ; ce qui s'obtient en Chine à bon marché, simplement et
pourtant très-bien.

Pour l'ensemencement du *moŭ-soŭ* au printemps, on
répand l'engrais des bêtes sur le champ que l'on veut semer.
On met quarante paniers d'engrais sur la surface d'un *méou*.
Le *méou* chinois équivaut à environ 6 ares 75 centiares ; 40
paniers d'engrais font environ huit ou neuf charretées russes
à un seul cheval. On laboure le sol lorsqu'il est un peu des-
séché après la fonte des neiges. Les araires ou charrues que
l'on emploie en Chine pour le labour ne pénètrent pas le sol
plus profondément que de 13 à 15 centimètres ; mais les Chinois savent bien qu'il est plus profitable pour le *moŭ-soŭ* de
labourer le sol plus profondément. On sème la graine de
moŭ-soŭ avant de labourer, afin que cette graine soit mieux
enterrée [1]. Si le sol est fertile, en bon état d'engrais, on répand
moins de semences, c'est-à-dire que l'on emploie un peu
moins de 2 kilogrammes pour un *méou*, ou environ 30 kilogrammes pour 1 hectare, tandis qu'on emploie plus de semences pour un sol maigre. En général, les Chinois sont

[1] C'est ce que nous appelons en France *semer sous raies*.   G. P.

assez généreux pour bien ensemencer le sol, et ils en sont toujours bien récompensés par la générosité de la récolte.

Après l'ensemencement du *moŭ-soŭ*, on passe la herse de bois en long et en large du champ, et puis on aplanit le terrain légèrement avec le rouleau. Si le terrain est léger, on emploie le rouleau de bois ; au contraire, si le terrain est dur et plein de mottes, il est nécessaire d'employer un petit rouleau en pierre.

On exécute ces travaux le plus vite possible, dans la crainte que le sol, après avoir été labouré, ne se dessèche avant son ensemencement. Jamais le Chinois ne se décidera à semer le *moŭ-soŭ* sur le sol déjà hersé, dans lequel les semences ne pénétreraient pas assez profondément, parce que, dans ce cas, les graines sont en danger de se dessécher et de manquer leur germination, tandis que les semences de *moŭ-soŭ* ne souffrent pas d'être placées par le labour, sous la charrue, assez profondément dans le sol. Seulement, dans ce dernier cas, la levée de la graine de *moŭ-soŭ* sera un peu plus lente, mais la plante s'enracinera mieux et pénétrera plus avant dans le sol.

Si le temps est beau, que le soleil réchauffe bien la terre, alors le *moŭ-soŭ*, semé au printemps, lève après cinq ou sept jours. Les Chinois mangent les jeunes feuilles du *moŭ-soŭ*, cuites dans l'eau. Quand le jeune plant du *moŭ-soŭ* a atteint à peu près *huit* centimètres de hauteur, et que le temps est sec, alors il faut légèrement arroser la jeune prairie.

En Dzoungarie il se passe souvent sept ou huit mois sans qu'il tombe une goutte de pluie. Par l'arrosement, l'herbe pousse bien vite. A la fin de juin elle commence à fleurir. Au commencement de septembre, quand l'herbe a atteint une hauteur d'environ 4 décimètres 1/2, (de 16 à 18 pouces), on la fauche. Si l'été est très-sec, il est nécessaire d'arroser la prairie chaque fois que l'on aperçoit çà et là que les feuilles jaunissent.

Si l'on désire semer le *moŭ-soŭ* pendant l'automne, alors, on emploie le même moyen qui a été décrit plus haut pour l'ensemencement de la même graine au printemps. Mais, dans ce dernier cas : 1° il n'est pas nécessaire de hâter les travaux, parce qu'en automne la terre ne se dessèche pas aussi facilement qu'au printemps ; 2° on peut employer moins d'un quart de semences, ou environ 24 kilogrammes pour un hectare ; et 3° il n'est pas nécessaire d'arroser la prairie. Après cet ensemencement, au printemps, la plante commence à lever aussitôt que la neige a tout à fait disparu ; l'herbe pousse bien vite. Elle commence à fleurir au commencement du mois de juin ; et, déjà, au mois d'août, elle atteint la hauteur d'environ huit décimètres (2 pieds 1/2) ; c'est alors qu'on la fauche.

La seconde année, le *moŭ-soŭ* du printemps, de même que le *moŭ-soŭ* semé en automne, lève en touffes épaisses, presque aussitôt que la neige a disparu complétement, au commencement du mois de mars. Au mois de mai, quand la plante a atteint la hauteur de 8 à 11 décimètres, elle fleurit pour la première fois ; c'est alors qu'on la fauche. Puis, après cette première coupe, l'herbe repousse encore plus vite. Au mois de juillet, ayant atteint la hauteur d'environ 6 à 8 décimètres. elle fleurit une seconde fois ; alors on la fauche encore. Puis, après cette seconde coupe, elle repousse de nouveau ; et au mois de septembre elle atteint 3 à 4 décimètres de hauteur. A ce moment, on envoie sur la prairie de *moŭ-soŭ* les bestiaux paître l'herbe. Seulement il faut avoir la précaution de ne pas trop laisser pâturer la prairie par des bœufs ou des vaches, parce que ces animaux en souffriraient en mangeant trop de *moŭ-soŭ* vert et très-humide [1].

Quoique après la première année d'ensemencement l'herbe du *moŭ-soŭ* résiste à la sécheresse, aussi bien qu'à un excès d'humidité, les Chinois ne négligent jamais d'arroser la prai-

---

[1] Les bêtes bovines et ovines sont sujettes chez nous à la maladie que l'on appelle *météorisation*, ou *gonflement*, qui les fait souvent périr quand on ne leur porte pas un prompt secours. Mais, c'est surtout le *trèfle vert*, et non la *luzerne* qui produit cet effet. Le *moŭ-soŭ*, d'après la description qu'en fait M. Skattschkoff, paraît tenir tout à la fois du *trèfle* et de la *luzerne*.   G. P.

rie dans le cas d'une trop grande sécheresse. En Dzoungarie, on compte ordinairement, dans l'année, trois époques nécessaires pour bien arroser la prairie de *moŭ-soŭ;* à savoir : au commencement du mois d'avril, quand l'herbe pousse déjà en touffes épaisses, et chaque fois, au mois de mai et au mois de juillet, quand les boutons des fleurs de *moŭ-soŭ* commencent à s'ouvrir. Si l'automne est très-sec, comme il est d'ordinaire en Dzoungarie, alors, au mois d'octobre, on arrose encore la prairie une quatrième fois pour l'hiver.

Le *moŭ-soŭ* forme ainsi une prairie abondante qui dure pendant dix à douze ans, sans engraissement préalable du sol, et qui donne deux coupes chaque année, plus un pâturage en automne. Sur la prairie d'un sol médiocre, en Dzoungarie, on récolte ordinairement sur un *méou* (environ 6 ares 75 centiares), au premier fauchage, 40 bottes, et, au second fauchage, 36 bottes. Chaque botte, à l'état sec, est du poids de 5, 4 kilogrammes. Ainsi d'un *méou* (6 ares 75 cent.) de prairie, pendant l'été, on récolte 410, 4 kilogrammes de foin de *moŭ-soŭ* sec, ou, pour employer les mesures françaises : environ 6,560 kilogrammes de foin sec d'un hectare de *moŭ-soŭ*. Si l'on désire récolter les semences du *moŭ-soŭ*, on ne fait la seconde coupe qu'au mois de septembre.

A la dixième et même à la quinzième année après l'ensemencement ou la plantation de la prairie, quand on aperçoit que le *moŭ-soŭ* lève un peu lentement, les Chinois font le *renouvellement* de cette même prairie. Pour ce *renouvellement*, aussitôt qu'au printemps la neige a disparu de la surface du sol, on répand un engrais sur cette prairie, d'une manière uniforme, par quantité de vingt paniers sur chaque *méou* de terre (6 ares 75 cent.); puis on laboure le sol en long et en travers, par rangs de plants ; chaque rang doit être, à une distance des autres, de 10 à 12 centimètres [1] ; de sorte que l'on fait à la surface de la prairie comme un damier. Après

[1] On doit conclure de ceci que la semence du *moŭ-soŭ* a dû être primitivement plantée en *rang*, soit à la main, soit à l'aide d'un semoir mécanique.

le labourage on herse légèrement la prairie et l'on arrose. Par
ce moyen la plus grande quantité des graines de *moŭ-soŭ* se-
ront extirpées ou endommagées ; mais les racines restées saines
et encore vigoureuses, trouvant de la place pour s'étendre sur
un sol engraissé et labouré, repousseront promptement avec
une grande vigueur ; elles produiront de nouvelles et nom-
breuses touffes épaisses ; et, comme auparavant, elles donne-
ront deux récoltes chaque été. Ainsi la prairie *renouvelée*
durera, pleine de vigueur, pendant une période d'environ *huit*
à *dix* ans ; et puis, pour la seconde fois, elle commencera à
perdre de sa force et de sa vigueur ; à la douzième ou quinzième année de cette seconde période, elle sera complétement
épuisée.

Quoique après cet épuisement de la prairie, on puisse encore la *renouveler* pour cinq ou six ans, les Chinois préfè-
rent ordinairement ensemencer de nouveau cette même prairie. Pour cela on laboure très soigneusement le sol, en long
et en travers, pour extirper toutes les racines du *moŭ-soŭ*. Ces
racines sont alors employées comme combustible. Sur le terrain ainsi bien nettoyé de toutes les racines, on sème de nouveau le *moŭ-soŭ*, comme on l'a expliqué plus haut. Nous
avons vu, en Dzoungarie, des prairies de *moŭ-soŭ*, nommées
en chinois *wán niân*, « de dix mille années » (c'est-à-dire
d'une durée illimitée), où cette utile et nutritive plante fourragère subsiste, nous a-t-on dit, depuis des centaines d'années.

Voilà le résumé des renseignements sur le *moŭ-soŭ* que
nous avons recueillis pendant notre long séjour dans la Dzoungarie chinoise [1]. Il y a déjà six ans que nous propageons cette
utile plante en Russie, dans ses diverses régions ; et nous
sommes heureux de pouvoir dire que de tous côtés : d'Odessa,
de Poltawa, de Kiew, de Wolhynie, de Kazan, de Moscou,
de Wiatka, de Livonie, de l'Estonie, de Finlande, etc., etc.,

---

[1] M. Constantin de Skattschkoff y était en qualité de consul de Russie, après
avoir passé sept ans à Péking.

nous ne recevons des propriétaires fonciers chez lesquels on a semé le *moŭ-soŭ*, que des remercîments. Près de Saint-Pétersbourg, où, comme chacun le sait, le climat est assez rigoureux, chez un riche propriétaire, le comte Choulenbourg, on récolte déja depuis plusieurs années, et avec un grand succès, de la semence de *moŭ-soŭ*.

Pour compléter les renseignements chinois sur le *moŭ-soŭ*, nous offrons à nos lecteurs la *Notice sur la manière de cultiver le moŭ-soŭ dans les fermes de l'intérieur de la Chine*, tirée d'un ouvrage chinois intitulé : *Khouang khiun fang pou*, « Traité développé des choses concernant l'agriculture et les plantes cultivées. » En voici la traduction :

« On mêle les semences de *moŭ-soŭ* avec du blé de sarrasin ; puis on ensemence le champ au mois de juillet. Quoique après la récolte du blé de sarrasin, le plant de *moŭ-soŭ* lève très-lentement, ses racines ne se développent que mieux dans le sol. Au printemps suivant, l'herbe de *moŭ-soŭ* lève bien. Le premier été, cette herbe fourragère ne donne qu'une seule coupe ; puis successivement, pendant trois années, la plante de *moŭ-soŭ* croît en vigueur, produisant des touffes épaisses d'herbe, et donnant chaque été jusqu'à trois coupes. Puis, pendant les six ou sept années qui suivent, quoique les touffes des plants ne s'accroissent pas, les coupes sont toujours aussi abondantes qu'elles étaient auparavant. Après cela on laboure de nouveau la prairie pour ensemencer le champ avec des céréales. Dans quelques fermes on laboure de nouveau de semblables prairies de *moŭ-soŭ*, après chaque période de trois années, mais dans un tel ordre qu'une moitié de la prairie est labourée de nouveau après les premiers trois ans (de l'ensemencement), et l'autre moitié de la prairie après ces seconds trois ans. Ainsi il y aura deux divisions de terrain : l'une formera la prairie de *moŭ-soŭ* ; et l'autre, le champ de céréales, lequel, pendant les trois précédentes années, était une prairie de *moŭ-soŭ*. Sur ce champ, bien ameubli par les racines de *moŭ-soŭ*, on sème avec grand succès les céréales successivement pendant trois ans sans interruption ; et puis, après cette période de trois ans, on ensemence de nouveau le champ, avec de la graine de *moŭ-soŭ*, pour avoir une prairie pendant une nouvelle période de trois ans. Pendant ce temps, l'autre moitié du champ est labourée de nouveau pour être encore ensemencée en céréales pendant trois ans sans interruption. Ainsi, par cette rotation des cultures, le fermier se procure de grands bénéfices, ayant toujours une prairie de *moŭ-soŭ*, et faisant chaque année de superbes récoltes de céréales sur la partie du champ très-bien ameublie par les racines de *moŭ-soŭ*. »

2 août 1864.

C. Skattschkoff.

Après avoir lu la notice très-intéressante de M. C. de Skattschkoff sur la luzerne chinoise, les lecteurs de la Revue verront peut-être ici avec plaisir la traduction d'une autre notice historique, sur la même plante, faite par un Chinois. Cette notice est tirée du grand ouvrage de botanique intitulé : *Tchĭ wĕ mĭng p'ào thoù khâo ;* c'est-à-dire : « Examen avec « figures des plantes les plus renommées qui se cultivent. » Cet ouvrage, composé de 32 volumes chinois, petit in f°, a été publié en Chine en 1848. Chaque monographie est accompagnée de la figure de la plante décrite. Il y en a 173 pour les plantes fourragères, 52 pour les céréales, etc. La traduction complète de l'ouvrage serait assurément d'une très-grande utilité pour l'agriculture européenne.

NOTICE SUR LE MOU-SOU (LUZERNE CHINOISE)

TRADUITE DU CHINOIS.

L'espèce supérieure du *moŭ-soŭ*, qui se distingue par sa variété couleur d'or, se sème sur des surfaces de 50 *méou* (3 hectares 3 ares 75 cent.) dans les contrées nord-ouest (de la

Chine). Les racines du *moŭ-soŭ* se ramifient et prospèrent sous la neige. Ses feuilles, d'un gris jaunâtre, apparaissent de bonne heure au printemps. Elle se sème avec le millet qui la protége contre les intempéries des saisons. Quand cette plante est imbibée comme par la rosée, on l'appelle « qui renferme des vents » (*hôaï foúng*) [1]. Ce nom, elle le mérite, et ne lui a pas été donné en vain.

En été, le calice de ses fleurs, de couleur rouge et noire, s'ouvre, et il en sort des épis en forme de grappes qui réfléchissent l'éclat du soleil, et semblent lutter avec lui de splendeur.

On lit dans le *Si-kĭng tsi ki* (« Mémoires sur différents sujets relatifs à la cour occidentale ») que la fleur de *mou-sou* a une couleur si éclatante, que l'œil peut à peine la supporter; c'est ce que l'expérience n'a pu encore jusqu'ici confirmer. Cette expression est très-exagérée, concernant une plante herbacée, et ne doit pas être prise à la lettre.

On lit dans le *Siao ki i* « Petits Mémoires industriels, » que les racines de cette plante fourragère, lorsqu'on les examine attentivement, sont trouvées très-compactes, et suivant chacune l'endroit du sol que lui convient, sans jamais cesser de s'étendre indéfiniment. Li (Chi-tchin, l'auteur du *Pèn thsào kăng mŏu*), dit que c'est là une assertion erronée, dans son exagération. On peut s'en rapporter, sur ce sujet, à la description qui en est faite dans le *Kiun-fang* [2]; seulement, Li dit que le *mou-sou* à fleurs jaunes est une espèce qui croît naturellement dans les contrées méridionales. Une autre espèce

[1] C'est-à-dire qu'elle produit un gonflement subit dans les animaux, surtout les bêtes bovines et ovines, qui la mangent ainsi avec avidité. C'est la maladie que l'on appelle *météorisation*. On sauve la bête par des médicaments donnés promptement à l'intérieur, ou par une incision faite à la peau, pour laisser échapper les gaz.

[2] Ouvrage de Wang kia-tçin, qui vivait sous la dynastie des Ming. Il a été revu, corrigé et augmenté par ordre de l'empereur Khang-hi, et publié la 47e année de son règne (1708), en 100 kiouan ou livres, sous le titre de *Kouang kiun fang pou*; c'est celui dont M. Skattschkoff a extrait l'article sur le *Mousou*, qui termine sa *Notice*.

qui croît dans les terres incultes et sauvages, n'a pas encore été bien déterminée [1].

On lit dans le *Ya léou noung* (Traité d'agriculture) : On remarque dans la Relation du *Ta-wan*, du *Se-ki* [2] qu'il y est question des qualités merveilleuses du *Ma ché mou-sou* (*mou-sou*, ardemment désiré par les chevaux). Ce fut le général Tchang-kien, envoyé à la tête d'une expédition dans les contrées occidentales (de la Chine), qui obtint, le premier, la connaissance de la plante fourragère appelée *mou-sou*. Elle fut alors cultivée avec beaucoup de soins pour sa fleur dans les jardins. On la sema en suite en bordures le long des chemins qui divisaient les champs ; on la cultiva aussi dans des caisses d'agrément, et on l'employa même dans des infusions, aux repas du soir.

Les familles de cultivateurs du Chan-si en arrachent par bottes les racines les plus tendres qu'ils mangent (après les avoir fait cuire) ; mais ce mets n'est pas toujours très-savoureux. Le plus grand profit que l'on retire de cette plante consiste dans la nourriture et l'engraissement des troupeaux. Les gens du pays disent que son fourrage sec et rigide, mis en magasin, est donné au poids pour la nourriture des bœufs et des chevaux, leur troupeaux devant être ainsi rationnés.

On lit dans l'Histoire officielle des Yuen (les Mongols de Chine) que, dans le commencement du règne de Chi-tsou (Khoubilaï, en 1260 de notre ère), on ordonna de faire des sacrifices en hiver aux génies tutélaires de l'agriculture, à l'occasion de la famine qui sévissait alors, et cette année même, de semer du *mou-sou,* dont les qualités n'avaient pas encore été suffisamment appréciées, cette plante étant bonne pour les chevaux mâles et femelles, il devait en être de même pour la « race aux cheveux noirs » (*Khiên li :* c'est-à-dire les Chinois).

---

[1] La figure et une notice sur cette plante sont données dans le même ouvrage d'où cette notice est tirée.

[2] Mémoires historiques de *Sse-ma-tsian*, qui vivait dans le iie siècle avant notre ère. Sa relation du *Ta-wan*, aujourd'hui Ferghana, occupe le 123e livre ; le passage cité se trouve au f° 14 de l'édition de poche.

Tao Yin-kiu a dit : « Les hommes du midi ne mangent pas véritablement de cette plante ; ils ne lui trouvent pas de goût et de saveur. » A l'époque des Thâng (le ministre) *Siĕ* ordonna d'embellir les balustrades avec la plante *mou-sou*. On célébra, de plus en plus, dans les vers, la plante du pays de Wan[1]. Les familles qui habitent les contrées montagneuses font des provisions de la plante à l'état vert, et elles disent qu'elles en font des soupes dont elles se nourrissent ; et toutes, lorsqu'elles y sont accoutumées, n'en trouvent pas la saveur désagréable.

Le fourrage (du *mou-sou*) est une nourriture très-engraissante pour les animaux domestiques. On la prépare avec d'autres végétaux légumineux sauvages, réduits en parties très-menues ; on peut préalablement la faire cuire dans de l'eau, en y mêlant des assaisonnements : le résultat n'en sera que meilleur.

Comment reproduit-on le goût et le parfum primitifs (du *mou-sou*)? Placé devant les degrés du lieu qui le renferme, on fait revivre sa couleur verte, en l'arrosant avec de l'eau ; ensuite une multitude de ses fleurs s'ouvrent aussitôt.

On a célébré les chevaux de Wan comme surpassant tous les autres par leur embonpoint ; le *mou-sou* des montagnes du Chen-si venait toujours compléter la période ; la population laborieuse a fait tous ses efforts pour le remplacer dans les descriptions des lettrés.

---

[1] Le célèbre poëte *Tou-fou*, qui vivait à cette époque, dit : « Les chevaux de Wan sont les premiers de tous parce qu'ils s'engraissent au printemps avec le *mou-sou*. »

Paris. — Imprimerie de V COUPY 4 C°, ru. Graacière